Jose Antonio Moreno Serrano
Wagner Roberto Morocho Chamba
Luis Antonio Jimenez Ávila

Aplicação da técnica de crio-tomografia de raios X (Cryo-XT)

Jose Antonio Moreno Serrano
Wagner Roberto Morocho Chamba
Luis Antonio Jimenez Ávila

Aplicação da técnica de crio-tomografia de raios X (Cryo-XT)

Estudo das fábricas virais em células infectadas com o vírus da vaccinia

ScienciaScripts

AUTORES

Moreno-Serrano Jose Antônio. Doutor em Biotecnologia e Genética de Plantas e microrganismos associados. Professor do Instituto Superior Tecnológico da Amazônia. E-mail: jose79@istam.edu.ec

Morocho Chamba Wagner Roberto. Mestre em Saúde Animal. Professor do Instituto Superior Tecnológico da Amazônia. E-mail: reitorado@istam.edu.ec

Jiménez Ávila Luis Antonio. bacharel em Ciências Menção de informática educacional Educacional. professor do Instituto Superior Tecnológica Amazônico. E-mail: luis93@istam.edu.ec

ÍNDICE

RESUMO 5

1. INTRODUÇÃO 6

2. REVISÃO BIBLIOGRAFIA 8

3. METODOLOGIA 24

4. RESULTADOS 25

5. DISCUSSÃO 29

6. CONCLUSÕES 34

7. REFERÊNCIAS 35

RESUMO

Ele VV (vírus vacina) é um de o vírus avançar complexo, com a tamanho superior a 300 nm e mais de 100 proteínas estruturais. Sua montagem envolve interações sequenciais e importantes rearranjos de seus componentes estruturais. Neste estudo, as células infectadas foram selecionadas através microscopia de fluorescência de luz e As imagens foram posteriormente formadas no microscópio de raios X sob condições criogênicas. Séries tomográficas de imagens de raios X foram utilizadas para produzir reconstruções tridimensionais mostrando diferentes organelas celulares (núcleos, mitocôndria, RÉ), junto com outros dois tipos de partículas virais relacionadas a diferentes estágios de maturação do vírus vacina (IV) imaturo e (MV) partículas maduro; o ensaios com a witaferina apresentaram ligações com a actina, o que impede a polimerização e o alongamento dos filamentos; causando vírions mal embalados ou aberrantes, o que inibe a progressão da infecção viral. As descobertas demonstram que A criotomografia de raios X é uma ferramenta poderosa para coletar informações estruturais tridimensionais de células inteiras congeladas, não fixadas e não coradas, com resolução suficiente para detectar diferentes partículas virais exibindo diferentes níveis de maturação.

Palavras dica: vírus vacina, criotomografia de Deus do céu x, fábrica viral, Filamentos de actina.

1. INTRODUÇÃO

A caracterização das complexas relações estabelecidas entre vírus e células tem fornecido tradicionalmente ferramentas únicas para estudar o ciclo de vida do vírus e, simultaneamente, aspectos particulares dos sistemas celulares utilizados pelos vírus. O VV é bem conhecido como um vetor de expressão muito útil e agora é usado para desenvolver novas vacinas contra diversos patógenos (Liu & Musgo, 2018; Musgo, mil novecentos e noventa e seis). Para o mesmo tempo, VV tornou-se o foco dos biólogos celulares devido às complexas interações que ele vírus estabelece com o sistemas celulares (Hobbs, Osborn, & Nolz, 2018; Ploubidou et al., 2000). Uma caracterização detalhada da estrutura e morfogênese do VV seria de grande ajuda para a manipulação de sua montagem in vitro e para a construção de vetores virais com características específicas. Alguns dos aspectos mais desconhecidos da via morfogenética do VV são a origem e a formação de fábricas virais (Grossegesse et al., 2018; Hollinshead et al., 2001). As fábricas virais são grandes áreas perinucleares citoplasmáticas definidas como centros de replicação e montagem de VV. Este último ocorre em massas eletrodensas dentro das fábricas virais, conhecidas como holofotes de viroplasma (Ding et para o., 2018; Blasco & Musgo, 1992). São estruturas são formado por ele recrutamento de Unid viral, e provavelmente também telefones celulares. Por mecanismos ainda não definidos, os elementos membranosos aderem à superfície dos focos VV, adquirem uma curvatura e formam o crescente. Crescentes virais representam o primeiro evidência de conjunto de VV, mas ELE desconhecido largamente como ELE forma e como eles conseguem crescentes para formar vírus esféricos imaturos (IV). Ainda há considerável controvérsia sobre a fábricas viral, o estruturas básico e ele origem de o crescentes VV viral. O uso da tomografia crioeletrônica foi um passo importante para a compreensão da estrutura do vírus (Cyrklaff et al., 2005), montagem (Chichon et al., 2009) e desmontagem. (Cyrklaff et al., 2007); Mas, uma das principais limitações da crio-ET deriva da penetração por difusão múltipla de elétrons em materiais macios (Huang, Li, & Gao, 2018; Frank, 2006). Até com microscópios de 300 kV de alto tensão equipado com filtros de energia, a reconstrução tomográfica eletrônica é limitada a amostras com aproximadamente 0,5 µm de espessura, impedindo a análise direta da maioria dos tipos de células. Uma abordagem complementar para superar esses problemas é o uso da microscopia de raios X. O maior poder de penetração dos raios X combinado com o progresso recente em óptica difrativo de Deus do céu x ha levou à implementação de microscópios de raios X de transmissão de campo total com resolução espaço em ele faixa de vinte nm (Lau et para o., 2018; Chao et al., 2005). Este poder de resolução, aliado ao uso do soft , abre assim uma alternativa interessante para ele análise de resolução supramolecular de material biológico (Harkiolaki et al., 2018). Assim como no caso da crio-ET, a combinação da imagem de raios X com a preservação de amostras em temperaturas criogênicas é necessária para recuperar informações estruturais e químicas próximas às condições fisiológicas, bem como para minimizar o efeito dos danos da radiação sobre amostras biológicas (Schneider, 1998). O potencial atual da criotomografia de raios X (cryo-XT) para imagens tridimensionais de amostras biológicas totalmente hidratadas está se expandindo. Os desafios técnicos envolvidos em diferentes aspectos de o técnica ELE encontrar baixo a largo mclhoria, como o uso de objetivas de raios X de alta resolução (placas de zona), enquanto soluções para outros problemas, como estágios precisos de amostras criogênicas e suportes para microscopia de campo total, estão sendo desenvolvidas. Tem sido carregou para capa a intenso trabalho qualitativo para explorar o possibilidades de crio-XT com células inteiras (Jiménez-Lamana, Szpunar, & Łobinski, 2018; Gu, Etkin, Le-Gros, & Larabell, 2007) que fornecem descrições morfológicas de organelas celulares e segmentação de conteúdos celulares baseado em propriedades de absorção diferencial (Zong et para o., 2018; Parkinson et al., 2008). Os estudos Cryo-XT desempenharam um papel central na caracterização de o estrutura básico, o fábricas viral e ele conjunto de VV. Este trabalho mostra a organização de fábricas virais e seus componentes de montagem no citoplasma de uma célula inteira infectada por VV com base em crio-XT e a reconstrução de tomogramas através do processamento dos dados em software específico.

2. REVISÃO BIBLIOGRAFIA

2.1. História

O vírus Vaccinia é um membro do gênero Orthopoxvirus da família Poxviridae. Embora Não ELE saber com precisão, ELE acreditar que ELE originado depois mais de um século de passagem artificial do poxvírus bovino inicialmente usado como vacina contra a varíola em 1798 por Edward Jenner, um médico inglês. Foi em 1930 quando ELE fez evidente que o variedade que ELE usado então era diferente daquele inicialmente utilizado, e a partir daí o vírus Vaccinia ganhou popularidade entre a comunidade médica como escolha para vacinação contra a varíola (Henderson, 1997). Desde então, o Vaccinia tem sido estudado permanentemente em laboratório: foi o primeiro vírus animal observado ao microscópio, adulto em plantações celulares, intitulado de forma exato, purificada e analisada a nível químico. Devido à sua evolução em diferentes partes do globo, existem várias estirpes: NYCBH (New York City Board of Health) foi a estirpe inicialmente utilizada em vacinação de o varíola em o estado Ingressou de América; o WR (Western Reserve) é uma cepa particularmente virulenta derivada de NYCBH em laboratório e que ELE usa em o maioria de o estudos e de o ensaios clínico e o variedade Wyeth, que ELE usa em vacinas experimental e em ensaios clínico. Também há outros Deformação, como o Copenhague, Lister, IHD-W e IHD-J que HE frequentemente usado para diferentes aplicações. Por outro lado, desenvolveram Deformação esmaecido como o variedade modificado Ancara. Ele genoma de alguns de são Deformação ha estive sequenciado (Goebel et para o., 1990; Chan et al., 2000). Nos últimos 30 anos o usar do vírus Vaccinia ELE se estendeu além de seu papel em o vacinação de o varíola, erguendo como a útil ferramenta de pesquisa como vetor para expressão de genes exógenos em células-alvo, Então como a metade de estudar de o responder imune de o mamíferos à infecção viral. Seu potencial também está sendo explorado na terapia contra ele Câncer, majoritariamente de três formas: como vetor para o expressão de genes terapêuticos especificamente em tumores; como vetor para a expressão de antígenos tumorais e/ou moléculas que estimulam o sistema imunológico com ele fim de desenvolver vacinas contra ele Câncer; e, finalmente, como um vírus oncolítico, específico para células altamente replicativas, como células tumorais.

2.2 Vírus Vacínia

2.2.1. Poxvírus

A família Poxviridae é uma família de genoma de DNA de fita dupla (dsDNA) e vírus de replicação citoplasmática, com genomas muito grandes (130-360 kb de comprimento) que geralmente codificam mais de 150 genes (Lefkowitz et al., 2000). Os poxvírus são divididos em duas subfamílias: Entomopoxvirinae, que infecta insetos, e Chordopoxvirinae, que infecta vertebrados (Hughes et al., 2000). Várias espécies da subfamília Chordopoxvirinae infectam humanos e animais domésticos, especialmente o vírus da varíola (VARV), cujo único reservatório natural conhecido é o homem. Este vírus é o agente causador da varíola, uma doença que devastado para o população humano até dele erradicação em 1980, após uma campanha global de vacinação que utilizou um vírus de perto relacionado chamado vírus vacina (VACV) (Bazin, 2000). Em 1796, o médico inglês Edward Jenner realizou a primeira vacinação da história. com o utilização de a vacina contra o varíola; feito que era um marco muito importante em ele desenvolvimento de o medicamento moderno. Além do mais, é a única vacina que erradicou uma doença humana e, portanto, o VACV é o poxvírus mais extensivamente estudado.

2.2.2. Genoma e Estrutura do VACV

VACV é um membro da subfamília Chordopoxvirinae e do gênero Orthopoxvirus (OPV). O genoma do VACV é uma molécula de dsDNA linear e superenrolada de 200 kb de comprimento que codifica aproximadamente 200 genes (Lefkowitz et al., 2006). Nas extremidades do genoma existem repetições terminais invertidas (ITRs) de tamanho variável caracterizado por conter sequências repetido em tandem que formam um grampo terminal através da união covalente de ambas as cadeias (Baroudy & Musgo, 1982). O genes do VACV Não Eles contém íntrons, estão amplamente separados no genoma, e cada gene parece ser controlado por seu ter promotor transcricional (Upton et para o., 2006). O genes envolvidos em funções-chave como replicação, transcrição e montagem de virions estão agrupados na região central do genoma, enquanto os genes envolvidos em o interação vírus hospedeiro e em o virulência ELE Eles geralmente se distribuem nas duas extremidades do genoma (Upton et al., 2006). A nomenclatura usado para nomear o diferente genes do VACV ELE bases na digestão do seu genoma pela enzima HindIII, que dá origem a vários fragmentos de diferente tamanho. Cada gene ELE nome com a carta em dependendo do fragmento onde se encontra após a digestão, seguido de um número de acordo com o posição que ocupa ditado gene em que fragmento, e finalmente ELE Adicionar o carta eu qualquer R de acordo com o endereço de dele transcrição: esquerda (EU) ou direita (R) (Moss, 2007). As partículas virais do VACV têm formato de tijolo com bordas levemente arredondadas e dimensões de aproximadamente 360 x 270 x 250 nm (Fig. 2) (Cyrklaff et al., 2006). Os vírions VACV existem em três formas infeccioso: vírions maduro (MV), vírions envolto (WV) e vírions extracelulares (EV) (Smith, 2007). MVs são partículas formadas por uma camada externa de 8 nm adjacente à membrana lipídica (Hollinshead et al., 2006). Dentro de esse camada fora do país ELE encontra a estrutura poroso de 18 nm de espessura que dá acesso a um núcleo bicôncavo, onde estão localizadas as proteínas viral estrutural, ele genoma de ADN e o enzimas associado a isso (Cyrklaff et al., 2005). Por sua vez, o DNA é flanqueado por corpos laterais que preenchem as concavidades do núcleo. VMs normalmente eles se encontram exclusivamente dentro das células e ELE liberar apenas por lise celular (Morgan, 1976). O WV consiste em VM que são circundados por duas bicamadas lipídicas adicionais derivadas de cisternas trans-Golgi, que contêm proteínas virais características. WVs também são encontrados dentro das células e são precursores dos EVs (Schmelz, 1994). EVs consistem em WVs que foram liberados da célula pela fusão de sua membrana mais externa com a membrana plasmática da célula, saindo a VM envolto em a membrana adicional. A fração de EVs está ligado à membrana celular, enquanto outros estão livres no meio extracelular (Condit et al., 2006). Acredita-se que o VE são importante para o espalhar do vírus dentro de a organismo, enquanto os VMs são importantes para a estabilidade e transmissão a longo prazo do vírus entre o convidados em ele metade atmosfera (Musgo, 2012).

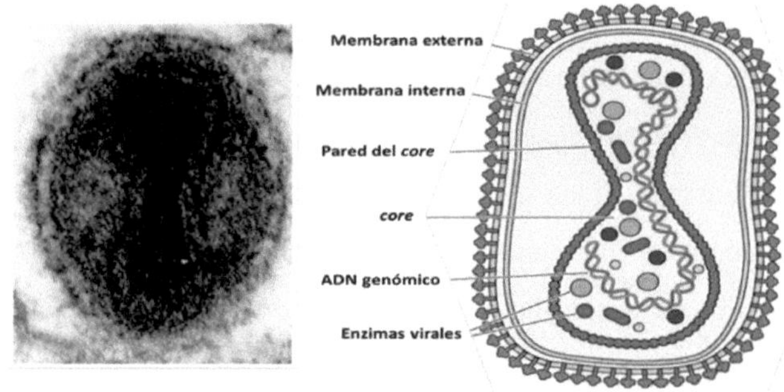

Figura 1. Estrutura do VACV. Morfologia do vírus Vacínia. PARA o à esquerda, micrografia eletrônica do IMV (seção transversal). A imagem à direita é um esquema representativo do Poxvírus. Traduzido e adaptado de Harrison e colaboradores (Cyrklaff et al., 2005).

2.2.3. Ciclo Infeccioso do VACV

Ele VACV infecta a largo variedade de tecidos e dele ciclo de A replicação ocorre no citoplasma da célula infectada. O ciclo de infecção viral ocorre em quatro etapas, a saber: entrada, desmontagem, expressão gênica e replicação do DNA, e morfogênese e liberação da progênie viral (Fig. 2) (Moss, 2007).

2.2.3.1.Entrada: O Entrada de o VM ELE produz através a fusão conexão direta da membrana viral com a membrana plasmática, liberando o núcleo no citoplasma, ou por mecanismo de macropinocitose, que dá origem a endossomos acidificados que também liberam o núcleo no citoplasma. (Musgo, 2012). Em ambos processos de fusão, o Entrada é assistido por 11 ou 12 proteínas virais que formam o complexo de fusão de entrada (EFC). Em ele caso de o VE, que possuir a membrana adicional fora do país, é produzido a mecanismo Não fusogênico assistido por proteínas viral e células pelas quais ele destaca sua membrana adicional (Moss, 2012).

2.2.3.2.Desmontagem: A tempo ele essencial viral ha entrou em ele citoplasma, é transportado através o Ação de o microtúbulos na direção zonas perto de essencial celular, onde ELE forma o chamadas fábricas viral (Cárter et al., 2003). Nestes locais ocorre a desmontagem, caracterizada pela perda de proteínas e lipídios virais e pela exposição do genoma viral à ação de exonucleases (Moss, 2012).

2.2.3.3. Expressão gênica e replicação do genoma:

Replicação e transcrição do ADN viral é carregou para capa em o fábricas viral, o que são formados precocemente durante a infecção (Esteban et al., 1984). A transcrição do genoma viral é altamente regulada e ocorre em três estágios: inicial, intermediário e tardio (Broyles, 2003). A transcrição precoce inclui metade do genoma e é iniciada pela ação de proteínas e fatores de transcrição que eles vieram incorporado em ele essencial do vírus (Metz & Esteban, 1972). Os mRNAs assim produzidos codificam proteínas que são envolvido em o modulação de o responder antiviral do convidado, o replicação do ADN e o transcrição genética intermediário (Smith, 2007).

A transcrição intermediário ocorre simultaneamente com o replicação do ADN e codifica fatores necessários para a transcrição tardia (Vos & Stunnenberg,

1988). Finalmente, ocorre a transcrição tardia de genes que codificam proteínas estruturais, fatores de virulência e outras enzimas (Esteban et al., 1979).

2.2.3.4. Morfogênese e liberação de progênie viral: Em fábricas virais ELE forma vírus imaturo com forma esférico que eles amadurecem depois para VM devido para a acusação proteolítico de alguns de o proteínas viral e à condensação do núcleo (Rodriguez, 1997). A maioria dos MVs permanece iniciar citoplasma até Que liberar depois lise celulares, enquanto uma pequena fração é transportada através do Golgi, onde adquirem uma segunda membrana para formar os WVs. Os WVs são transportados de volta pelos microtúbulos para a membrana plasmática e liberados como EVs pela fusão da membrana ou projetados para células adjacentes através de caudas de actina (Smith, 2007).

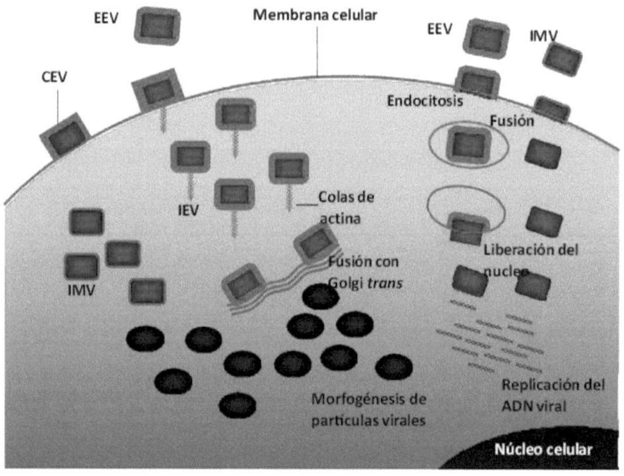

Figura 2. Representação esquemático do ciclo de vida do vírus Vacínia .

2.2.4. Interações Célula de vírus Hospedar: Apoptose e sistema imunológico

O vírus Vaccinia desenvolveu uma série de estratégias para evitar a resposta imunológica do hospedeiro. Como mencionado acima, logo após entrar na célula, o vírus inibe toda uma série de processos celulares, como a síntese de DNA, RNA e proteínas. Como consequência, a produção e apresentação de moléculas são interrompidas. do complexo idoso de histocompatibilidade (MHC), isto qual carregar ao fraco reconhecimento de células infectadas pelos linfócitos T. Além disso, o vírus tem a capacidade de suprimir diretamente a imunidade inata e a resposta imune Th1, secretando receptores solúveis, mas truncados, para moléculas como IFN-a, py e y (Alcami & Smith, 1995) e IL-18 (Smith, Bryant et al. 2000) que participam da resposta celular à infecção. viral. O receptores truncado codificado por Vacínia interferem na ligação desses ligantes aos seus receptores naturais na superfície celular, inibindo dele função. Além do mais, o proteína B29R de Vacínia é um antagonista da quimiocina (Alcami et al., 1998) e o a fosfatase VH1 bloqueia a sinalização INF-y (Najarro et al., 2001). Vacínia tem também o habilidade de inibir o apoptose de o célula hospedeira. O apoptose é a mecanismo de morte celular programado que permite aos organismos eliminar células infectadas, evitando assim que os patógenos se repliquem nelas e se espalhem para o resto do organismo. Até o momento, sabe-se que quatro proteínas Vaccinia inibem a morte celular por apoptose: SPI-2 (Alcami et al., 1998), E3L e K3L (Fang et al., 2001) e F1L (Wasilenko et al. 2003). Duas outras proteínas, C3L e B5R, inibem a cascata do complemento (Kotwal & Moss, 1988). E3L também ELE une para ARN de dobro corrente prevenindo Então ativação de PKR (Mudar & Jacó, 1993), e K3L blocos o fosforilação de eIF-2 a, prevenindo o efeito antiviral do IFN (Beattie et al., 1991). A ação conjunta dessas proteínas virais permite que o vírus infecte e se replique nas células sem que elas sejam capazes de ativar seus mecanismos de defesa imunológica ou de morte celular programada.

2.2.5. Interações Célula de vírus Hospedar: Ciclo Celular

Por outro lado, há evidências de que a infecção por Vaccinia pode afetar o ciclo das células infectadas, aumentando tanto a percentagem de células na fase S como a duração do ciclo celular de 24 para 36 horas (Wali & Strayer, 1999). Existem outros vírus que também afetam o ciclo celular, como o vírus de Papiloma humano e ele citomegalovírus (Salto et para o., novecentos e noventa e cinco), que Eles induzem uma progressão de células infectadas da fase G1 para as fases S e G2/M. É possível que a retenção de células infectadas nas fases S e G2/M facilite a expressão gênica viral, a replicação do genoma viral e a morfogênese de novos vírions.

ELE ha descrito também ele efeito de alguns varíola sobre o expressão de diferentes fatores de transcrição celular, como SP1 (Strayer 1993). Especificamente ele vírus Vacínia parece induzir a diminuir de o níveis de proteína de p53 e p27 12 horas após o início da infecção e uma diminuição nos níveis de proteína e RNA mensageiro de vários reguladores positivos do ciclo celular, como ciclina B, Cdc2 e Cdk2 (Wali e Desviador 1999). Em isto que cumprimentos para pág.53, a importante regulador do ciclo celular e de apoptose, é notável ele feito de que em estudos do efeito de infecção de duas cepas de Vaccinia (Ankara e WR) na expressão gênica de células HeLa, a transcrição de p53 não parece ser afetada (Guerra, Lopez-Fernandez et al. 2003; Guerra, Lopez-Fernandez et al. 2004). Portanto, o efeito de o infecção de Vacínia sobre o níveis de proteína de pág.53 ELE Deve ser devido a uma diminuição na estabilidade do p53. A grande maioria dos estudos de virologia concentra-se na biologia do ciclo de vida do vírus sem considerar os efeitos individuais que proteínas viral eles podem ter sobre proteínas celulares, e que Podem não ser necessários para o desenvolvimento normal do ciclo de vida do vírus, mas contribuem para a patogénese viral. É por isso que decidimos estudar os efeitos nas proteínas celulares da quinase B1 do vírus Vaccinia, uma proteína essencial para o desenvolvimento do ciclo de vida do vírus.

2.3. criotomografia de Deus do céu x

2.3.1. História

A história da criotomografia de raios X remonta ao desenvolvimento da microscopia eletrônica de transmissão (TEM) na década de 1930, uma tecnologia que revolucionou a capacidade dos cientistas de estudar a estrutura. de o células e o tecidos para a escala sub-celular (Dubochet et al., 2018). Sem embargo, o técnicas convencional de preparação de amostras para TEM envolveram fixação química e desidratação, o que poderia introduzir artefatos e alterações em o amostras biológico (Li et para o., 2013). Este problema levou ao desenvolvimento de métodos de criofixação, que permitiram a preservação de amostras biológicas no seu estado nativo, congelando-as rapidamente a temperaturas ultrabaixas. Um dos marcos fundamentais no desenvolvimento da criofixação foi a introdução da técnica de "vitrificação". por Jacques Dubochet e colaboradores na década de 1980 (Mahamid et al., 2016). Este método envolveu o congelamento ultrarrápido de amostras biológicas em soluções aquosas, evitando a formação de cristais de gelo e preservando a estrutura celular com fidelidade sem precedentes. A criofixação abriu novos chances para o mostrar de amostras biológico em TEM, permitindo o observação de estruturas celulares e sub-celular em dele estado nativo com resolução sem precedentes.Na década de 1990, os pesquisadores começaram a explorar a possibilidade de combinar a criofixação com a tomografia de raios X para obter imagens tridimensionais de amostras biológicas congeladas. A integração da criofixação e da tomografia de raios X permitiu superar as limitações de resolução da microscopia eletrônica de transmissão e obter imagens tridimensionais de alta qualidade de amostras biológicas em seu estado nativo. Nos últimos anos, houve avanços significativos na tecnologia e metodologia da criotomografia de raios X. Por exemplo, foram desenvolvidos novos métodos de preparação de amostras que permitem uma melhor preservação de o estrutura celular e a idoso resolução de imagem. Além disso, foram introduzidas melhorias nos sistemas de detecção e nos algoritmos de reconstrução de imagens, que levaram a uma melhoria significativa na qualidade das imagens obtidas com esta técnica. Hoje, a criotomografia de raios X tornou-se uma ferramenta inestimável na pesquisa biomédica, permitindo aos cientistas estudar o estrutura e função de o células e o organelas para nível subcelular com resolução sem precedentes. À medida que os avanços na tecnologia e na metodologia continuam, espera-se que esta técnica continue a evoluir e a expandir as suas aplicações em campos como a biologia celular, a microbiologia e a nanotecnologia.

2.3.2 Começo Fundamentos de o Técnica:

a. Criofixação de Amostras

A criofixação é um processo essencial no crio-XT, pois garante a preservação de o estrutura celular em dele estado nativo antes de ser submetido à radiação de raios X. Este processo, iniciado com a técnica de congelamento rápido, procura evitar o treinamento de cristais de gelo que pode danificar estruturas biológicas. A técnica de vitrificação, desenvolvida por Dubochet e colaboradores na década de 1980, tem sido uma inovação crucial neste sentido (Dubochet et al., 2018). O vitrificação isso implica o imersão de o amostra em a solução solução aquosa com alta concentração de crioprotetores, como etilenoglicol ou trealose, seguida de a rápido congelando através imersão em azoto líquido ou através de dispositivos especializados. Este processo de congelamento ultrarrápido evitar o treinamento de cristais de gelo, mantendo o estrutura celular em estado vítreo e preservando assim sua integridade morfológica e bioquímica. Estudos recentes demonstraram que a vitrificação pode ser otimizada através da utilização de crioprotetores específicos e protocolos de congelamento controlado, o que tem permitido melhor preservação de estruturas biológicas sensíveis, como complexos macromoleculares e membranas celulares (Bartesaghi et al., 2018). .

b. Tomografia de Deus do céu x

Depois que a amostra foi criofixada, as imagens são capturadas. usando o tomografia de Deus do céu x. Esse processo isso implica o rotação da amostra em torno de um eixo durante a aquisição de imagens bidimensionais de múltiplo ângulos. São imagens bidimensional isto combina computacionalmente para reconstruir a imagem tridimensional da amostra (McDowall et al., 1983).

O uso de raios X na tomografia proporciona maior penetração em comparação à microscopia eletrônica convencional, permitindo a visualização de amostras mais espessas e a obtenção de imagens tridimensionais de alta resolução. Além disso, a tecnologia atual de tomografia de raios X avançou consideravelmente em termos de velocidade e resolução de aquisição de imagens, o que melhorou significativamente a qualidade e a eficiência do processo crio-XT. O combinação de o criofixação de amostras com o tomografia de raios X ha permitido para o pesquisadores explorar o estrutura tridimensional de amostras biológicas com precisão sem precedentes, abrindo novas portas na compreensão da biologia celular e molecular.

2.3.3. Procedimento Experimental

a. Preparação de o Amostra

O primeiro passo no procedimento experimental crio-XT é a preparação cuidadosa da amostra biológica. Isto envolve a seleção de uma amostra adequada e sua criofixação para preservar sua estrutura em seu estado nativo. A criofixação é realizada por imersão da amostra em solução crioprotetora e congelamento ultrarrápido para evitar a formação de cristais de gelo, que podem danificar as estruturas celulares (Dubochet et al., 2018; Adrian et al., 1984).). Durante esse processo, é crucial selecione ele crioprotetor apropriado e otimizar as condições de congelamento para garantir a preservação ideal de o estrutura celular. Além do mais, o escolha do método de A criofixação pode variar dependendo do tipo de amostra e dos objetivos do estudo, exigindo uma abordagem personalizada para cada experimento.

b. Montagem de o Amostra

Uma vez criofixada a amostra, ela é montada em um suporte adequado. para dele análise através tomografia de Deus do céu x. Esse passado envolve a montagem cuidadosa da amostra em uma grade de carbono ou suporte de amostra especializado que permite a manipulação e rotação durante a amostragem. aquisição de imagens. Ele montagem preciso de o amostra é essencial para garantir estabilidade durante o processo tomográfico e evitar artefatos nas imagens resultantes (Dubochet et al., 2018).

c. Aquisição de Imagens

A aquisição da imagem é realizada utilizando um microscópio eletrônico de transmissão (TEM) equipado com um sistema de tomografia de raios. x. O amostra montado ELE lugar em ele microscópio eletrônico e ELE gira em torno de um eixo enquanto captura imagens bidimensionais de vários ângulos. Essas imagens, conhecido como projeções, Eles são então usados para reconstruir uma imagem tridimensional da amostra usando algoritmos computacionais avançados (McDowall et al., 1983; Jiang et al., 2018).

Durante a aquisição de imagens, é importante otimizar os parâmetros de exposição, como o energia e o intensidade de o Deus do céu x, obter imagens de alto qualidade com a contraste apropriado e a espaço ideal de resolução . Além disso, o tempo de exposição deve ser cuidadosamente ajustado para minimizar o radiação prejudicial para o amostra, especialmente em o caso de amostras biológicas sensíveis.

d. Análise de Imagens

Uma vez obtida a imagem tridimensional, é realizada a análise detalhada. de o estruturas celulares e sub-celular presente em o amostra. Esse pode implicar o segmentação de estruturas de interesse, o medição de parâmetros morfológicos, como tamanho e forma das células, e a visualização de estruturas em diferentes planos e seções. A análise de imagens geralmente é realizada usando software especializado de acusação de imagens e análise morfológico. Além disso, técnicas avançadas de análise, como correlação de imagens e reconstrução tridimensional, podem ser aplicadas para obter uma compreensão mais profunda da estrutura e organização de amostras biológicas (Jiang et al., 2018).

2.3.4. Formulários de o criotomografia de Deus do céu x (Crio- XT)

2.3.4.1. Visualização de estruturas celulares e subcelulares O Cryo-XT ha permitido para o pesquisadores visualizar estruturas celulares e subcelular com a resolução sem precedentes. ELE ha usado para estudar o morfologia e o organização de organelas celulares, como mitocôndrias, retículo endoplasmático e complexo de Golgi, fornecendo Informação detalhado sobre dele função e dinâmico (Mahamid et para o., 2016; Leis et para o., 2009).

2.3.4.2. Investigação de Interações molecular

Cryo-XT também tem sido usado para estudar interações moleculares dentro e entre células. Ao rotular proteínas e aplicar técnicas de subtomograma, os pesquisadores podem mapear a distribuição de proteínas específicas e estudar a arquitetura de complexos proteicos em seu contexto celular (Bartesaghi et al., 2018; Wan et al., 2020).

2.3.4.3. Estudar de patologias humano

Na área médica, o Cryo-XT tem sido utilizado para estudar diversas patologias humanas, como doenças neurodegenerativas, distúrbios metabólicos e câncer. Esta técnica permite a visualização de características celulares e subcelulares associadas a estas doenças, o que ajuda a compreender melhor os seus mecanismos subjacentes e a desenvolver novas estratégias terapêuticas (Asano et al., 2016; Bridge et al., 2019).

2.3.4.4. Investigação de microorganismos e patógenos

Cryo-XT tem sido amplamente utilizado em microbiologia para estudar a estrutura e função de microrganismos e patógenos. Por exemplo, permitiu a visualização da ultraestrutura de vírus, bactérias e parasitas, bem como a caracterização de mecanismos de resistência a antibióticos. e o EU IA de brancos terapêutico potenciais (Oikonomou et al., 2016; Liu et al., 2021).

2.3.4.5. Desenvolvimento de nanomateriais biomédico

Além do mais, o Cryo-XT ELE ha aplicado em ele campo de o nanotecnologia para estudar nanomateriais biomédicos, como nanopartículas e nanovesículas. Esse técnica fornece Informação detalhado sobre a morfologia, distribuição e interação desses materiais com células e os tecidos, qual é crucial para dele Desenvolvimento e aplicação em diagnóstico e terapia (Souravs et al., 2020; Park et al., 2019).

2.3.5. O Revolução em o Mostrar de Vírus: Aplicações da Criotomografia de Raios X (Crio-XT)

O mostrar de vírus ha estive a desafio histórico em o microbiologia e virologia, com implicações fundamentais para a compreensão da biologia viral e desenvolver estratégias terapêutica. Em esse contexto, o A criotomografia de raios X (Cryo-XT) surgiu como uma técnica revolucionária que transformou nossa capacidade de estudar vírus em seu estado nativo com resolução sem precedentes. Neste ensaio, exploraremos as aplicações de o Cryo-XT em o mostrar de vírus, examinando como Esta técnica contribuiu para o avanço do nosso conhecimento sobre a estrutura e função dos vírus. O Cryo-XT baseia-se no princípio da criofixação de amostras biológicas congeladas e da tomografia de raios X, permitindo imagens tridimensional de alto resolução de o vírus em dele estado nativo. Esta técnica tem sido aplicada em uma ampla gama de estudos para observar uma variedade de vírus, incluído ele vírus de o imunodeficiência humano (HIV), o vírus do herpes simples (HSV), o coronavírus e muitos outros. Por Por exemplo, estudos como o de Bartesaghi et al. (2013) usaram Cryo-XT para determinar a estrutura tridimensional da glicoproteína do envelope do HIV, fornecendo informações cruciais para compreender o seu papel na infecção viral. o Cryo-XT ha estive fundamental para estudar o morfologia e a organização de vírus complexo como o coronavírus. Bárcena et para o. (2009) realizaram um estudo utilizando Crio-XT para examinar a estrutura do vírion do vírus da hepatite felina, revelando detalhes sobre a arquitetura do capsídeo viral e seu envelope. Estas descobertas não só expandiram a nossa compreensão do biologia dos vírus, mas também têm aplicações práticas no desenvolvimento de vacinas e terapias antivirais. importância de o Cryo-XT em o investigação biomédico é inegável. Estudos como o de Maurer et al. (2008) usaram esta técnica para investigar o mecanismos de Entrada do vírus do herpes simples em o células hospedeiras, fornecendo informações cruciais para o desenvolvimento de terapias antivirais dirigido para o inibição de o Entrada viral. Além do mais, o A visualização de vírus utilizando Crio-XT pode fornecer informações valiosas para o desenho de estratégias de detecção e diagnóstico de doenças virais, conforme demonstrado no estudo de Zhu et al. (2004) sobre seleção automática de partículas virais. O vírus vaccinia M65 atenuado derivado da cepa WR (Dallo, Maa, Rodriguez, Rodriguez, & Esteban, 1989) foi cultivado em células BSC40 e purificado por bandas em gradientes de sacarose (Esteban, 1984).

3. METODOLOGIA

3.1. Preparação de Amostra para Crio- ET

Grades de carvão foram preparadas com amostras de células infectadas por VV para 12 hpi e 12 hpi + (witaferina), ELE Eles carregaram as grades na superfície de cobre em temperatura ambiente por 1 minuto. As amostras foram vitrificadas, por congelamento rápido por imersão em robô Leica EM-CPC, utilizando etano líquido resfriado com nitrogênio (± 178 ºC). As grades vitrificadas foram mantidas à temperatura de nitrogênio líquido em um recipiente de armazenamento antes da coleta de dados.

3.2. Criotomografia de raios X

As grades congeladas foram observadas por microscopia fluorescente de luz visível em a Leica DMI6000B. O amostras Amostras selecionadas foram transferidas para a vibração HZB (energia do fóton E = 510 eV), com a tipo de capacitor capilar vidro elipsoidal de rebote único fabricado pela XRADIA (Zeng et al., 2008) com a distância de trabalho de aproximadamente 5 milímetros e a tamanho de Ponto focal de aproximadamente 1 μm FWHM (Guttmann et para o., 2009). Para crio-XT usado a extensão de 2305 vezes correspondente para a tamanho de Pixel de imagem de 8,68 nm com energia de fóton de 510 eV.

3.3. Alinhamento e Reconstrução

Os alinhamentos das séries de inclinação foram realizados com o pacote de software IMOD (Kremer, Mastronarde, & McIntosh, 1996), e as reconstruções finais foram realizadas usando a opção de reconstrução iterativa SIRT no TOMO3D (Agulleiro & Fernández, 2011).

4. RESULTADOS

4.1. Mapeamento de o Infecção por Vírus Vacínia Através Microscopia Correlativa de Luz Suave e Raios X

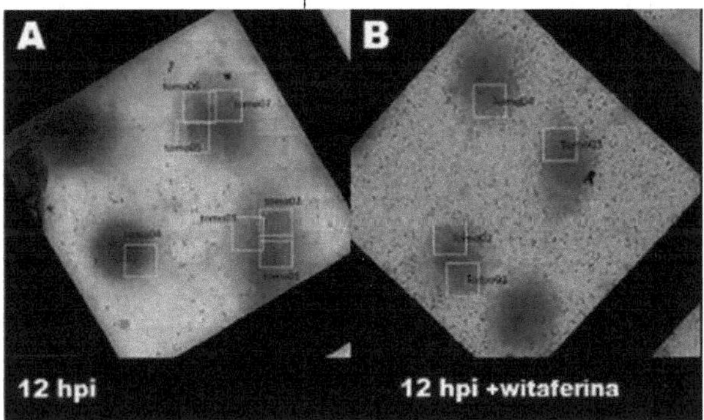

Figura 3. Localização de regiões de interesse e aquisição de dados em células infectadas pelo vírus vaccinia: imagem de projeção de crio-microscopia de raios X (objetiva de placa de zona com drn = 40 nm, tamanho efetivo de pixel 15,6 nm) da área celular rotulada: **A)** 12 hpi e **B)** 12 hpi + (witaferin).

O fluxo de trabalho estabelecido permitiu que as células infectadas fossem localizadas usando criomicroscopia fluorescente leve. Λ imagem por crio-XT foi simples após o ajuste do foco para cada área. As áreas adequadas para tomografia foram selecionadas com base na densidade média e alto contraste. Em são áreas, o vírus ELE Eles encontraram facilmente como objetos arredondados. Inclinar a amostra até 65° permitiu-nos obter imagens bem contrastadas onde os vírus ainda eram claramente reconhecíveis. Vários tomogramas da mesma célula foram adquiridos para obter a tomograma de células todo durante 12 hpi e 12 hpi + (witaferina) (Figura 3).

4.2. Organização de o Fábricas Viral e deles Componentes Conjunto em ele Citoplasma de o Células Infetado com o Vírus de o Vacínia Baseado em o Tomografia de Raios X.

O células infetado por VV para 12 hpi mostrou a deslocamento das mitocôndrias e do retículo endoplasmático em regiões distantes do núcleo, gerando uma cavidade que acomoda a fábrica do vírus e a região do viroplasma. Foi observado o aparecimento de focos citoplasmáticos discretos de DNA (focos), também estruturas filamentoso chamado filamentos de actina (F) e alto grau de vacuolização e vesículas intracelulares em células infectadas por VV. A Figura 4 mostra a área de montagem do VV e a formação da fábrica viral.

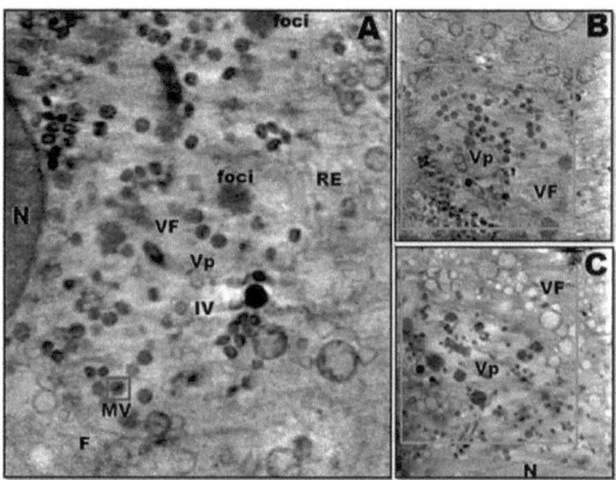

Figura 4. Fábrica viral em 12 hpi em células infectadas com vírus vaccinia: **A** , **B** e **C)** fábrica viral (VF), viroplasma (Vp), focos citoplasmáticos discretos (focos), essencial (N), mitocôndria (M), retículo endoplasmático (ER), vírions maduros (MV) e vírions imaturos (IV).

As áreas estudadas revelaram a presença de diferentes formas associadas para vacina, Incluindo partículas imaturo cedo (Figura 5A) que entender o crescentes iniciais e o chamado vírions imaturo (IV) (Figura 5B).

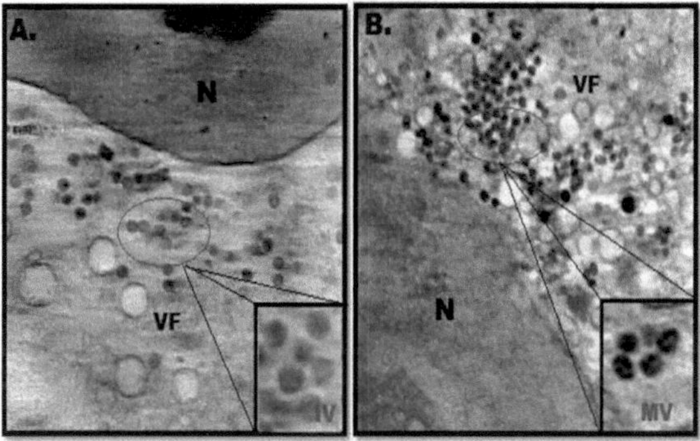

Figura 5. Formas virais reconhecíveis por criotomografia de raios X: **A)** vírions maduro (MV) e **B)** vírions imaturo (4). Ele plano virtual a criotomograma de Deus do céu x adquirido com o placa de zona 40 nm.

4.3. Treinamento de Filamentos de Actina em ele Citoplasma de células infectadas com o vírus Vaccinia.

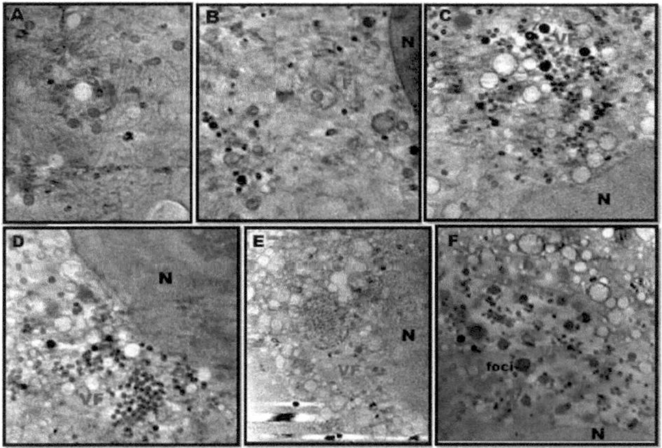

Figura 6. Fábrica viral a 12 hpi em células infectadas com vírus vaccinia: **A** , **B** , **c** e **e)** fábrica viral de ao controle (VF), filamentos de actina (F), núcleo (N) e **E** e **F)** viral fábrica (VF) Tratado com witaferina, focos citoplasmáticos discretos (focos), núcleo (N).

Um ensaio foi realizado com células BSC40 infectadas com VV, tratadas e não tratado com esposa para 12 hpi, para determinar ele efeito do medicamento na replicação viral e produção de vírions. Nas células BSC40 tratadas com witaferina, a presença de filamentos de actina intracelulares desapareceu (Figuras 6E e 6F).

5. DISCUSSÃO

Incorporando a microscopia crio-XT na análise de materiais biológicos ELE bases no possibilidade de penetrar grandes volumes celulares (até 10 μm) para recuperar Informação química e estrutural para Resoluções intermediárias entre microscópio óptico e eletrônico. A combinação de métodos baseados na preparação de amostras criogênicas e aquisição de imagens em baixa temperatura levou à reconstrução tridimensional de células congeladas que revelam suas estruturas internas (Chichón et para o., 2012). Esse estudar é a testado de obtivermos Informação sobre a possibilidade de detectar características estruturais relativamente pequenas dentro do citoplasma de células todo para fábricas virais e seus componentes de montagem no citoplasma de células infectadas por VV. As criotomografias de raios X de células infectadas por VV mostraram várias organelas celulares bem preservadas, cujas estruturas eram facilmente reconhecíveis como aquelas observadas no estudo de microscopia. por Harkiolaki et para o. (2018). O células infetado por VV para 12 hpi mostrou deslocamento de mitocôndrias e retículo endoplasmático em regiões distantes do núcleo, gerando uma cavidade onde a fábrica é acomodada de vírus e o região de viroplasma. ELE eles observaram o aparência de focos citoplasmáticos discretos de DNA (phocis), também estruturas filamentosas chamadas filamentos de actina (F) e um alto grau de vacuolização e vesículas intracelulares em células infectadas por VV. A síntese de DNA do poxvírus geralmente pode ser detectada dentro de 2 horas após a infecção e ocorre no citoplasma em locais justanucleares discretos chamados fábricas virais. Uma fábrica de vírus ou fábrica viral pode se formar a partir de um único vírion, e o número de fábricas é proporcional à multiplicidade de infecção (Moss, 2007). No entanto, a coalescência de o fábricas Individual ocorre com frequência com ele tempo (Katsafanas & Moss, 2007). As fábricas são inicialmente compactas e rodeadas por membranas do retículo endoplasmático (Tolonen, Doglio, Schleich, & Krijnse-Locker, 2001); Foi sugerido um papel para as membranas na replicação do DNA (Schramm & Krijnse-Locker, 2005). A fábrica também é o local de transcrição e tradução de mRNAs virais, além da montagem de virions (Katsafanas & Moss, 2007).

A montagem e maturação do VV é um processo complexo que envolve rearranjos drásticos dos componentes estruturais. A análise de tais eventos intracelulares complexos é tecnicamente exigente, e várias hipóteses diferentes foram sugeridas ao longo dos anos para explicar os dados experimentais sobre a morfogênese obtidos principalmente por microscopia. eletrônicos. Nós temos feito a estudar de crio-XT, para obter uma visão profunda das partículas virais intracelulares no processo de maturação (estágios IV a VM). Além disso, o uso de procedimentos tomográficos permitiu acompanhar estruturas e membranas em três dimensões ao longo do volume reconstruído, revelando a continuidade de o Unid estrutural sem o problemas de interpretação que surge da superposição derivada de análises bidimensionais convencionais de cortes finos. O nível de resolução alcançado no crio-XT é tal que foi possível detectar regiões citoplasmáticas modificadas pela infecção viral (fábricas virais), bem como dois tipos diferentes de partículas virais, o IV e o MV, de particular interesse no contexto deste estúdio. Virions imaturos (IV) com aproximadamente 350 nm de diâmetro, preenchidos com material viroplasmático e vírions maduro (MV), que são formas infeccioso de aproximadamente diâmetro de 255nm; Esses resultados estão relacionados aos observados por Chichon et para o. (2009), onde ele análise tomográfico de o primeiro partícula da assembleia VV, ele 4, amostra partículas arredondado com a diâmetro próximo a 350 nm circundado por um envelope constituído por uma única membrana, esta membrana é recoberta no lado convexo por uma espessa camada (10 nm) de pontas, construídas pela proteína D13L.Tais observações nos levam a propor que um pequeno número de crescentes independentes podem interagir entre si para encerrar o volume de um elipsóide incompleto na área da fábrica viral, atingindo a forma e tamanho característicos dos IVs. Esta proposta é consistente com a observação de partículas do tipo IV formadas por membranas não fundidas do tipo crescente em mutantes sem a proteína A14L, identificada como uma proteína abundante do envelope da primeira forma infecciosa do VV (Rodriguez et al., 2006). As regiões sobrepostas entre crescentes vizinhos iria evoluir eventualmente na direção a fusão parcial para produzir o IV. O fechamento parcial inerente à estrutura IV poderia explicar a instabilidade intrínseca destas partículas que tem impedido a sua purificação até agora. Chichon et al. (2012), tentaram com sucesso limitado diferentes abordagens para obter frações enriquecidas por via intravenosa, apenas em células permeabilizadas após o tratamento com toxina (estreptolisina-O) ser possível. obtivermos amostras com 4 frágil que mostrar Contatos extenso com membranas celulares.Um dos aspectos mais intrigantes na morfogênese do VV é a suposta transformação de uma partícula imatura com uma única membrana (IVN) em um vírion maduro (MV) com uma única membrana externa e uma única outra membrana. interno em volta do essencial que contém ADN (Hollinshead et al., 2001).

Para obter uma visão deste processo de transformação neste estudo foram analisados tomogramas criotomográficos que sugerem a existência presumível de partículas com aspecto intermediário IV-MV, estes resultados estão relacionados aos observados por Moss (2007), onde a maturação de IVN na direção vírions maduro ELE associado para o presença de partículas variando de arredondadas a quase em forma de tijolo, com conteúdo interno claramente diferente daquele do IVN, onde o material condensado relacionado ao DNA foi transformado em uma morfologia central, na qual uma membrana interna incompleta delineava uma estrutura semelhante à encontrada nos MVs. infecção viral interfere em o funções normal de a célula para otimizar a replicação viral e a produção de virions. Uma observação impressionante de esse conversão é o Reconfiguraçao e reorganização de o actina celular, que afeta todas as fases do ciclo de vida viral. A extensão e o grau de reorganização do citoesqueleto variam entre as diferentes infecções virais, o que sugere neste trabalho a possível evolução das estratégias virais. Resultados semelhantes foram observados no HSV-1 por Maurer, Sodeik e Grunewald (2008), eles detectaram capsídeos recém-liberados nas proximidades de filamentos de actina que aparentemente haviam se reorganizado após estimulação viral para facilitar a entrada do capsídeo por o eliminação de o barreira do citoesqueleto cortical.

O Os filamentos de actina foram estudados extensivamente in vitro (Galkin, Orlova, Vos, Schröder, & Egelman, 2015); sem embargo, há menos informação disponíveis sobre a organização precisa da rede de actina in vivo. Com os recentes avanços na crio-XT e a importância da actina na replicação viral e na produção de vírions, neste estudo foi realizado um ensaio com células BSC40 infectadas com VV, tratadas e não tratadas com wiferina a 12 hpi, para determinar o efeito do droga na replicação viral e produção de virions. Nas células BSC40 tratadas com witaferina foi observado que a presença de filamentos de actina intracelular Ele desapareceu, isto que sugere que a witaferina se liga à actina e evita sua polimerização e alongamento dos filamentos de actina; o replicação Não ELE serra afetado, mas ele conjunto e a morfogênese ELE eles viram afetado em o células infetado com VV, causando vírions mal embalados ou aberrantes; Como resultado, a progressão da infecção viral foi inibida. Ainda não está claro como os filamentos de actina interagem na montagem e morfogênese do vírus vaccinia; Lehmann, mais puro, Marcas, Pypaert, e Mães (2005), eles estudaram ele efeito de infecção pelo vírus vaccinia, observando também a dramática reorganização das fibras de actina no nível celular. Da mesma forma, Carlier et al. (1997), em estudos com vírus mutantes e drogas que inibem a morfogênese viral, demonstraram que a forma envelopada intracelular do vírus vaccinia (IEV) é responsável de o nucleação de o filamentos de actina. Sem embargo, em Outro estudo sobre baculovírus que também polimeriza a actina mostrou que filamentos de actina dele função é ficar ingressou para o vírus; ainda Não A função da actina no vírus vaccinia está muito bem definida, nem está claro como a actina pode empurrar membranas e patógenos (Mueller et al., 2014; Small 2015). O replicação viral requer o Produção coordenado, ele processamento e montagem proteínas virais e ácidos nucleicos para produzir vírions descendentes que serão usados para infectar novas células. Dependendo do compartimento celular em ele que ELE produz o replicação e ele conjunto, O citoesqueleto possui funções interessantes e às vezes surpreendentes que nem sempre são bem compreendidas.

6. CONCLUSÕES

• Criotomogramas de raios X de células infectadas por VV mostraram vários organelas celulares bom preservado, permitido detectar fábricas viral, assim como dois pessoal diferente de partículas viral, o 4 e o VM e ELE observaram a suposta existência de partículas com aparência intermediária IV-MV.

• Observou-se que a witaferina possivelmente se liga à actina e impede sua polimerização e alongamento, resultando em vírions mal embalados ou aberrantes, o que inibe a progressão da infecção viral.

• Cryo-XT abre uma possibilidade interessante para investigar amostras espessas em nível subcelular, bem como o estudo do processo do ciclo de vida viral dentro de células infectadas, é versátil e fecha a lacuna entre a microscopia de luz dinâmico e o estruturas de alto resolução obtido por crio-EM de partícula única, cristalografia de raios X e RMN. A principal vantagem do crio-XT é a oportunidade de observar processos ou moléculas no contexto próximo à condição nativa com resolução potencialmente alta.

7. REFERÊNCIAS

Adriano, M., Dubochet, J., Lepault, J., & McDowall, A. C. (1984). Microscopia crioeletrônica de vírus. Natureza, 308(5954), 32-36.

Alcami, A., & Smith, G. EU. (1992). A solúvel receptor para interleucina- 1 codificado pelo vírus vaccinia: um novo mecanismo de modulação viral da resposta do hospedeiro à infecção. Célula, 71(1), 153-167.

Alcami, A. e Smith, GL (1995). Os vírus vaccinia, cowpox e camelpox codificam receptores solúveis de interferon gama com nova especificidade ampla para espécies. Jornal de virologia, 69(8), 4633-4639.

Alcamí, A., Simões, J. A., Collins, P. D., Williams, T. J., & Smith, G. EU. (1998). Bloqueio de quimiocina atividade por a solúvel quimiocina vinculativo proteína do vírus da vacínia. O jornal de imunologia, 160(2), 624-633.

Agulleiro, J., & Fernández, J. (2011). Reconstrução tomográfica rápida em computadores multicore. Bioinformática, 27(4), 582–583. doi: 10.1093/bioinformática/btq692

Asano, S., Engel, BD e Baumeister, W. (2016). Tomografia crioeletrônica in situ: A Pós-reducionista Abordagem para Estrutural Biologia. Diário de Molecular Biologia, 428(2), 332–343. https://doi.org/10.1016/j.jmb.2015.09.020

Bárcena, M., Oostergetel, G. T., Bartelink, C., Faas, F. G., Verkleij, A., Rottier, PJ, ... e Koster, AJ (2009). Tomografia crioeletrônica do vírus da hepatite em camundongos: insights sobre a estrutura do coronavirion. Anais da Academia Nacional de Ciências, 106(2), 582-587.

Bartesaghi, A., Aguerrebere, C., Falconieri, V., Banerjee, S., Earl, LA, Zhu, X., & Subramaniam, S. (2018). Atômico resolução crio-EM estrutura de □ - galactosidase. Estrutura, 26(6), 848-856.

Baroudy, B., Moss, B. 1982. Homologias de sequência de repetições em tandem de diversos comprimentos perto das extremidades do genoma do vírus vaccinia sugerem cruzamento desigual. Pesquisa de Ácidos Nucleicos, 10:5673-5679.

Bartesaghi, A., Merk, A., Borgnia, MJ, Milne, JL e Subramaniam, S. (2013). Pré-fusão estrutura de trimérico VIH-1 envelope glicoproteína determinada por microscopia crioeletrônica. Biologia Estrutural e Molecular da Natureza, 20(12), 1352-1357.

Bazin, H. 2000. [Erradicação de varíola, já 20 anos atrás]. Touro Acadêmico Natl Med, 184:89-99; discussão 99-104.

Beattie, E., Tartaglia, J. e Paoletti, E. (1991). eF-2 codificado pelo vï¿½us Vaccinia? Homólogo revoga o antiviral efeito de interferon. Virologia, 183(1), 419-422 .

Blasco, R., & Musgo, B. (1992). Papel de associado a células envelope vacina vírus em célula a célula espalhar. Diário de virologia, 66(7):4170–4179. Recuperado de http://jvi.asm.org/c conteúdo/ 66/7/417 0.full.pdf +ht ml

Ponte, A., Vasistão, D., & Grigorieff, N. (2019). Crio-elétron tomografia de células: conectando estrutura e função. Biologia Molecular da Célula, 30(3), 259–266. https://doi.org/10.1091/mbc.E18-10-0661Broyles, SS (2003). Transcrição do vírus Vaccinia. Jornal de Virologia Geral, 84(9), 2293-2303.

Carlier, MF, Laurent, V., Santolini, J., Melki, R., Didry, D., Xia, GX, ... & Pantaloni, D. (1997). O fator despolimerizante de actina (ADF/cofilina) aumenta a avaliar de filamento volume de negócios: implicação em baseado em actina motilidade. O Jornal de Biologia Celular, 136(6), 1307-1322. doi: 10.1083/jcb.136.6.1307

Carter, G. C., Rodger, G., Murphy, B. J., Lei, M., Krauss, Ó., Hollinshead, M., & Smith, GL (2003). Os núcleos do vírus Vaccinia são transportados em microtúbulos. Jornal de Virologia Geral, 84(9), 2443-2458.

Chan, TA, PM Hwang, H. Hermeking, KW Kinzler e B. Vogelstein (2000). "Efeitos cooperativos dos genes que controlam o ponto de verificação G(2)/M." Genes Dev, 14(13): 1584-8.

Chang, HW e Jacobs, BL (1993). Identificação de um motivo conservado que é necessário para vinculativo de o vacina vírus E3L gene produtos para RNA de fita dupla. Virologia, 194(2), 537-547.

Chao, W., Harteneck, B., Liddle, J., Anderson, E. e Attwood, D. (2005). Microscopia de raios X suave com resolução espacial melhor que 15 nm. Natureza, 435(7046), 1210–1213. doi: 10.1038/nature03719

Chichón, F., Rodríguez, M., Pereira, DIZER., Chiappi, M., Perdiguero, B., Guttmann, P., & Carrascosa, J. (2012). Crio Raio X nanotomografia de vacina células infectadas por vírus. Jornal de Biologia Estrutural, 177(2), 202–211. doi: 10.1016/j.jsb.2011.12.001

Chichon, F., Rodriguez, M., Risco, C., Fraile-Ramos, A., Fernandez, J., Esteban, M., & Carrascosa, J. (2009). Remodelação da membrana durante a morfogênese do vírus vaccinia. Biologia da Célula, 101(7), 401-414. doi: 10.1042/BC20080176

Condit, RC, Moussatche, N., & Traktman, P. (2006). Resumindo: estrutura e montagem de a vacina virião. Avanços em Pesquisa de vírus, 66, 31-124.

Cyrklaff, M., Linaroudis, A., Boicu, M., Chlanda, P., Baumeister, W., Griffiths, G., & Krijnse-Locker, J. (2007). A tomografia crioeletrônica de células inteiras revela algo distinto. PLoS um, 2(5), e420. doi: 10.1371/journal.pone.0000420

Cyrklaff, M., Risco, C., Fernandez, J., Jimenez, M., Esteban, M., Baumeister, W., & Carrascosa, J. (2005). Tomografia crioeletrônica do vírus vaccinia. Anais da Academia Nacional de Ciências dos Estados Unidos da América, 102(8), 2772-2777. doi: 10.1073/pnas.0409825102

Dallo, S., Mãe, J., Rodríguez, J., Rodríguez, D., & Estevão, M. (1989). Resposta imunitária humoral provocada por variantes altamente atenuadas do vírus vaccinia e por uma proteína do envelope do VIH-1 recombinante atenuada que expressa. Virologia, 173(1), 323-329. doi: 10.1016/0042-6822(89)90250-X

Ding, S., Morra, J., Feng, N., Ren, EU., Li, B., Ei, E. S., & Kuo, C. J. (2018). STAG2 deficiência induz interferon respostas através da cGAS-STING caminho e restringe a infecção por vírus. Nature Communications, 9(1), 1485. doi: 10.1038/s41467-018-03782-z

Dubochet, J., McDowall, AW e Elmlund, H. (2018). Microscopia crioeletrônica de seções vítreas. A Revisão Trimestral de Biologia, 91(4), 369-407. https://doi.org/10.1086/670067

Esteban, M. (1984). Partículas defeituosas do vírus vaccinia em células infectadas tratadas com interferon. Virologia, 133(1), 220-227. 10.1016/0042-6822 (84)90443-4

Esteban, M., Soloski, M., Cabrera, CV, & Holowczak, JA (1979, janeiro). Replicação do DNA da vacina e estudos da estrutura do cromossomo viral. Em Frio Primavera Porto Simpósios sobre Quantitativo Biologia (Vol. 43, pp. 789-799). Imprensa do Laboratório Cold Spring Harbor.

Fang, ZY, K. Limbach, J. Tartaglia, J. Hammonds, X. Chen e P. Spearman (2001). "A expressão dos genes E3L e K3L da vaccinia por um novo vetor de vacina recombinante contra o HIV canarypox aumenta a produção de pseudovirion do HIV-1 e inibe a apoptose em células humanas." Virologia, 291(2): 272-84.

Frank, J. (2006). Tomografia Eletrônica: métodos de visualização tridimensional de estruturas na célula. Springer Ciência e Mídia de Negócios. Obtido de https://books.google.es/books?hl=es&lr=&id=LWx6JKQy34AC&oi=fnd&pg =PA1&dq=Frank,+J.+(2006).+Elétron+Tomografia,+Métodos+para+Visualizaçã

o+Tridimensional+de+Estruturas+na+Célula.+New+York:+Sprin
ger.&ots=RnRR_wlrIP&sig =IAQZUD6bquYLuaulwhvr0weoQvo#v=onepag
e&q=Frank%2C%20J.%20(2006).%20Elétron%20Tomografia%2C%20
Métodos%20para%20Tridimensional%20Visualização%20de%20Estrutura
res%20em%20a%20Célula.%20Novo% 20York%3A%20Springer.&f=falso

Galkin, V., Orlova, A., Vos, M., Schröder, G., & Egelman, E. (2015). Resolução
quase atômica para um estado de F-actina. Estrutura, 23, 173-182. doi:
10.1016/j.str.2014.11.006

Goebel, S. J., G. P. Johnson, M. E. Perkus, S. C. Davis, J. P. Winslow e E.
Paoletti (1990). "A sequência completa de DNA do vírus vaccinia. Virology,
179(1): 247-66, 517-63.

Gu, W., Etkin, L., Le-Gros, M., & Larabell, C. (2007). Tomografia de raios X de
Schizosaccharomyces pombe. Diferenciação, 75(6), 529–535. doi:
10.1111/j.1432-0436.2007.00180.x

Gutmann, P., Zeng, X., Feser, M., Heim, S., Yun, C., & Schneider, G. (2009).
Elipsoidal capilar como condensador para o BESSY Campo cheio Raio X
microscópio. Em Diário de Física: Conferência Series (Vol. 186, Não. 1, pág.
012064). Publicação IOP . Recuperado de
http://iopscience.iop.org/article/10.1088/17426596/186/1/012064/meta#art Abst

Grossegesse, M., Doellinger, J., Frisch, A., Laue, M., Piesker, J., Schaade, L., &
Nitsche, A. (2018). A análise global da ubiquitinação revela extensa
modificação e degradação proteasomal das proteínas do vírus da varíola bovina,
mas preservação dos núcleos virais. Relatórios Científicos, 8(1), 1807. doi:
10.1038/s41598-018-20130-9

Harkiolaki, M., Darrow, MC, Spink, MC, Kosior, E., Dent, K., & Duke, E.
(2018). Tomografia crio-soft de raios X: usando raios X suaves para explorar a
ultraestrutura de todo células. Emergindo Tópicos em Vida Ciências, 2(1), 81-92.

doi: 10.1042/ETLS20170086

Henderson, DA (1997). "Vacina de Edward Jenner. Relatório de Saúde Pública, 112(2): 116-21.

Hobbs, SJ, Osborn, JF e Nolz, JC (2018). Ativação e tráfico de CD8+ T células durante viral pele infecção: imunológico lições aprendido do vírus da vacínia. Opinião Atual em Virologia, 28, 12-19. doi: 10.1016/j.coviro.2017.10.001

Hollinshead, M., Rodger, G., Van Eijl, H., Law, M., Hollinshead, R., Vaux, D., & Smith, G. (2001). Vacínia vírus utiliza microtúbulos para movimento para a superfície celular. Jornal de Biologia Celular, 154(2), 389-402. doi: 10.1083/jcb.200104124

Hollinshead, M., Vanderplasschen, A., Smith, GL e Vaux, DJ (1999). Os vírions maduros intracelulares do vírus Vaccinia contêm apenas um lipídeo membrana. Jornal de virologia, 73(2), 1503-1517

Huang, X., Li, S. e Gao, S. (2018). Explorando um filtro baseado em wavelet ideal para imagens crio-ET. Relatórios Científicos, 8(1), 2582. doi: 10.1038/ s41598-018-20945-6

Hughes, A., Irausquin, S., Friedman, R. 2010. A biologia evolutiva dos poxvírus. Infecção, Genética e Evolução, 10:50-59

salto, F. M., salto, J. M., Ruchti, F., Fortunato, E. A., Clark, C., Corbeil, J. e Spector, DH (1995). A infecção por citomegalovírus induz altos níveis de ciclinas, Rb fosforilado e p53, levando à parada do ciclo celular. Jornal de Virologia, 69(11), 6697-6704

Jiang, G., Jin, L., Wang, X., Chen, Y. e Wei, D. (2018). Tomografia crioeletrônica in situ: uma abordagem pós-reducionista da biologia estrutural. Jornal de Biologia Molecular, 430(22), 4079-4095.

Jiménez-Lamana, J., Szpunar, J., & Łobinski, R. (2018). Novas fronteiras da metalômica: análise elementar e específica de espécie e imagem de células individuais. Em Metalômica (pp. 245-270). Springer , doi: 10.1007/ 978-3-319-90143-5_10

Katsafanas, G. e Moss, B. (2007). A colocalização da transcrição e tradução nas fábricas citoplasmáticas de poxvírus coordena a expressão viral e subjuga hospedar funções. Célula Hospedar Micróbio, 2(4): 221–228. doi: 10.1016/j.chom.2007.08.005

Kotwal, GJ e Moss, B. (1988). O vírus Vaccinia codifica um polipeptídeo secretor estruturalmente relacionado para complemento controlar proteínas.Natureza, 335(6186), 176-178

Kremer, J., Mastronarde, D. e McIntosh, J. (1996). Visualização computacional de dados de imagens tridimensionais usando IMOD. Jornal de Biologia Estrutural, 116(1), 71–76. doi: 10.1006/jsbi.1996.0013

Lau, C., Hunter, MJ, Stewart, A., Perozo, E. e Vandenberg, JI (2018). Nunca em repouso: insights sobre a dinâmica conformacional dos canais iônicos da microscopia crioeletrônica. O Jornal de Fisiologia, 596(7), 1107-1119 .

Lefkowitz, E., Wang C, Upton C. 2006. Poxvírus: passado, presente e futuro. Vírus Pesquisar, 117:105-118 .

Lehmann, M., Sherer, N., Marks, C., Pypaert, M., & Mothes, W. (2005). Actina-e dirigido por miosina movimento de vírus junto filópode precede deles entrada nas células. O Jornal de Biologia Celular, 170(2), 317-325. doi: 10.1083/jcb.200503059

Leis, A., Rockel, B., Andrees, L., Baumeister, W., & Visualização de células em nanoescala. (2009). Tendências em Biologia Celular, 19(6), 287-295.

Li, X., Mooney, P., Zheng, S., Booth, CR, Braunfeld, MB, Gubbens, S., & Ido, T. (2013). Elétron contando e induzido por feixe movimento habilitação de correção resolução quase atômica partícula única crio-EM. Natureza Métodos, 10(6), 584-590. https://doi.org/10.1038/nmeth.2472

Liu, R., & Musgo, B. (2018). Vacínia Vírus C9 Ankyrin Repetir/F-Box Proteína É um antagonista recentemente identificado do estado antiviral induzido por interferon tipo I. Jornal de Virologia, 92(9), e00053-18. doi: 10.1128/JVI.00053-18

Liu, Z., Wu, J., Huang, E., Chen, J., Zhang, H., Jiang, P., ... & Canção, H. (2021). Arquitetura molecular do domínio saliente do norovírus murino e do sítio de ligação do ácido siálico. Jornal de Virologia, 95(3).

Maurer, VOCÊ. E., Sodeik, B., & Grunewald, K. (2008). 3D nativo intermediários da fusão da membrana na entrada do vírus herpes simplex 1. Anais da Academia Nacional de Ciências, 105(30), 10559-10564. doi: 10.1073/pnas.0801674105

Mahamid, J., Pfeffer, S., Schaffer, M., Villa, E., Danev, R., Cuellar, LK e Plitzko, JM (2016). Visualizando a sociologia molecular no núcleo da célula HeLa periferia.   Ciência, 351(6276), 969-972, https://doi.org/10.1126/science.aad8857

McDowall, A., Chang, J. J., homem livre, R., Lepault, J., Valter, C. A., & Dubochet,
J. (1983). Microscopia eletrônica de seções hidratadas congeladas de gelo vítreo e amostras biológicas vitrificadas. Jornal de Microscopia, 131(1), 1-9.

Metz, DH e Esteban, M. (1972). O interferon inibe a síntese de proteínas virais em células L infectadas com o vírus vaccinia. Natureza, 238(5364), 385-388

Morgan, C. (1976). Vacínia vírus reexaminado: desenvolvimento e solte. Virologia, 73(1), 43-58

Musgo, B. (2012). Poxvírus célula entrada: quantos proteínas faz é preciso?. Vírus, 4(5), 688-707

Musgo, B. (2007). Poxviridae: O vírus e deles replicação (Knipe DM, Howley PM edição). Filadélfia: Lippincott Willians & Wilkins. pág. 2905-2946

Muller, J., Pfanzelter, J., Winkler, C., Narita, A., Le Clainche, C., Nemethova, M., ... & Schmeiser, C. (2014). Tomografia eletrônica e simulação de baculovírus actina cometa caudas apoiar a amarrado filamento modelo de propulsão de patógenos. PLoS Biologia, 12(1), e1001765. doi: 10.1371/journal.pbio.1001765

Najarro, P., P. Traktman e J. A. Luís (2001). "Vacínia vírus blocos transdução de sinal de interferon gama: a fosfatase VH1 viral reverte a ativação de Stat1. Revista Virologia, 75(7): 3185-96

Oikonomou, CM, Jensen, GJ e Vasishtan, D. (2016). Aplicações biomédicas de crio-EM de patógenos. Atual Opinião em Microbiologia, 29, 123-131.

Parque, J. S., Kim, D. H., Kim, K., Kim, J. H., Lee, E. S., Jeong, E. E., & Kim, K.
(2019). Percepções em máquinas de autofagia através do estudo Comunicações da Natureza , 10(1), 1-12.

Parkinson, D., McDermott, G., Etkin, L., Le-Gros, M., & Larabell, C. (2008). Imagem quantitativa 3D de células eucarióticas usando tomografia de raios X suave. Jornal de Biologia Estrutural, 162(3), 380-386. doi: 10.1016/j.jsb.2008.02.003

Ploubidou, A., Moreau, V., Ashman, K., Reckmann, EU., González, C., & Caminho,
M. (2000). A infecção pelo vírus Vaccinia perturba a organização dos microtúbulos e a função do centrossomo. O Jornal EMBO, 19(15), 3932-3944. doi: 10.1093/emboj/19.15.3932

Rodriguez, JR, Risco, C., Carrascosa, JL, Esteban, M., & Rodríguez, D. (1997). Caracterização dos estágios iniciais da biogênese da membrana do vírus vaccinia: implicações da proteína de 21 quilodaltons e de uma proteína do envelope de 15 quilodaltons recentemente identificada. Jornal de Virologia, 71(3), 1821-1833

Rodríguez, D., Bárcena, M., Móbio, C., Schleich, S., Estevão, M., Geerts, W. Locker, J. (2006). Um vírus vacínia sem A10L: acumulam-se proteínas do núcleo viral sobre estruturas derivadas de o retículo endoplasmático. Microbiologia Celular, 8(3), 427-437. doi: 10.1111/j.1462-5822.2005.00632.x

Schmelz, M., Sodeik, B., Ericsson, M., Wolffe, EJ, Shida, H., Hiller, G., & Griffiths, G. (1994). Montagem do vírus vaccinia: a segunda cisterna envolvente é derivado de o trans Golgi rede. Diário de Virologia, 68(1), 130-147.

Schneider, G. (1998). Microscopia crio-raio-X com alta resolução espacial em amplitude e contraste de fase. Ultramicroscopia, 75(2), 85–104. doi: 10.1016/S0304-3991(98)000 54-0

Cortador, G., Guttman, P., Lar, S., perna de veado, S., Eichert, D., & Nieman, B. (2007, Janeiro). Raio X Microscopia no BESSY: De Nanotomografia para Fs-Imaging. Em AIP Conference Proceedings (Vol. 879, No. 1, pp. 1291-1294). AIP. doi: 10.1063/1.2436300

Schramm, B., & Krijnse-Locker, J. (2005). Citoplasmático organização de replicação do DNA do poxvírus. Tráfego, 6(10), 839–846. doi: 10.1111/ j.1600-0854.2005.00324.x

Pequeno, J. (2015). Empurrando com actina: das células aos patógenos. Transações da Sociedade Bioquímica, 43, 84-91.

Smith, G. 2007. Gênero Orthopoxvirus: Vírus Vaccinia, p 1-45. Em Mercer AA, Schmidt A, Weber O (ed), Poxvírus. Birkhäuser Verlag, Basileia, Suíça.

Souravs, M., Patel, K., Singh, R., & Dasgupta, A. (2020). Crio-EM técnicas e isso é formulários em biomédico ciências: Atual perspectivas e direções futuras. Jornal de Estrutura e Dinâmica Biomolecular, 1-14.

Tolonen, N., Doglio, EU., Schleich, S., & Krijnse-Locker, J. (2001). Vacínia a replicação do DNA do vírus ocorre em mininúcleos citoplasmáticos fechados pelo retículo endoplasmático. Biologia Molecular da Célula, 12(7), 2031-2046. doi: 10.1091/mbc.12.7.2031

Upton, C., Slack, S., Hunter, A., Ehlers, A., Roper, R. 2003. Clusters ortólogos de poxvírus: para definir o genoma mínimo essencial de poxvírus. Revista Virologia, 77:7590-7600.

Vos, JC e Stunnenberg, HG (1988). Desrepressão de uma nova classe de genes do vírus vaccinia após replicação do DNA. O jornal EMBO, 7(11), 3487-3492.

Wan, C., Briggs, J. A., & Crio-elétron tomografia e média do subtomograma. (2020). Métodos em Enzimologia, 642, 189-215.

Wali, A. e Strayer, DS (1999). A infecção pelo vírus vaccinia altera a regulação da progressão do ciclo celular. DNA e Biologia Celular, 18(11), 837-843.

Wasilenko, ST, Stewart, TL, Meyers, AF e Barry, M. (2003). Vacínia vírus codifica a anteriormente descaracterizado inibidor associado à mitocôndria de apoptose. Processos de o Nacional Academia de Ciências, 100(24), 14345-14350.

Zeng, X., Duewer, F., Feser, M., Huang, C., Lyon, A., Tkachuk, A., & Yun, W. (2008). Capilares de vidro elipsoidais e parabólicos como condensadores para microscópios de raios X. Óptica aplicada, 47(13), 2376-2381. doi: 10.1364/AO.47.002376

Zhu, Y., Carragher, B., Glaeser, RM, Fellmann, D., Bajaj, C., Bern, M., & Potter, CS (2004). Seleção automática de partículas: resultados de um estudo comparativo. Jornal de Biologia Estrutural, 145(1-2), 3-14.

Zong, C., Xu, M., Xu, LJ, Wei, T., Mãe, X., Zheng, XS,& Ren, B. (2018).
Espectroscopia Raman de Superfície Aprimorada para Bioanálise:
Confiabilidade e Desafios. Revisões Químicas, 118(10), 4946-4980. doi:
10.1021/acs.chemrev.7b00668

Printed by Books on Demand GmbH, Norderstedt / Germany